Date: _____ Time (GMT): _____

Call Sign: _____

Language: _____

Transmitter Site: _____

Signal Clarity/Strength: (Weak 1 to Strong 5)	1	2	3	4	5

Notes: _____

_____

_____

_____

_____

_____

Date: _____ Time (GMT): _____

Call Sign: _____

Language: _____

Transmitter Site: _____

Signal Clarity/Strength: (Weak 1 to Strong 5)	1	2	3	4	5

Notes: _____

_____

_____

_____

_____

_____

Date: _____ Time (GMT): _____

Call Sign: _____

Language: _____

Transmitter Site: _____

Signal Clarity/Strength: (Weak 1 to Strong 5)	1	2	3	4	5

Notes: _____

_____

_____

_____

_____

_____

Date: _____ Time (GMT): _____

Call Sign: _____

Language: _____

Transmitter Site: _____

Signal Clarity/Strength: (Weak 1 to Strong 5)	1	2	3	4	5

Notes: _____

_____

_____

_____

_____

_____

Date: _____ Time (GMT): _____

Call Sign: _____

Language: _____

Transmitter Site: _____

Signal Clarity/Strength: (Weak 1 to Strong 5)	1	2	3	4	5

Notes: _____

_____

_____

_____

_____

_____

Date: _____ Time (GMT): _____

Call Sign: _____

Language: _____

Transmitter Site: _____

Signal Clarity/Strength: (Weak 1 to Strong 5)	1	2	3	4	5

Notes: _____

_____

_____

_____

_____

_____

Date: _____ Time (GMT): _____

Call Sign: _____

Language: _____

Transmitter Site: _____

Signal Clarity/Strength: (Weak 1 to Strong 5)	1	2	3	4	5

Notes: _____

_____

_____

_____

_____

_____

Date: _____ Time (GMT): _____

Call Sign: _____

Language: _____

Transmitter Site: _____

Signal Clarity/Strength: (Weak 1 to Strong 5)	1	2	3	4	5

Notes: _____

_____

_____

_____

_____

_____

Date: _____ Time (GMT): _____

Call Sign: _____

Language: _____

Transmitter Site: _____

Signal Clarity/Strength: (Weak 1 to Strong 5)	1	2	3	4	5

Notes: _____

_____

_____

_____

_____

Date: _____ Time (GMT): _____

Call Sign: _____

Language: _____

Transmitter Site: _____

Signal Clarity/Strength: (Weak 1 to Strong 5)	1	2	3	4	5

Notes: _____

_____

_____

_____

_____

_____

Date: _____ Time (GMT): _____

Call Sign: _____

Language: _____

Transmitter Site: _____

Signal Clarity/Strength: (Weak 1 to Strong 5)	1	2	3	4	5

Notes: _____

_____

_____

_____

_____

_____

Date: _____ Time (GMT): _____

Call Sign: _____

Language: _____

Transmitter Site: _____

Signal Clarity/Strength: (Weak 1 to Strong 5)	1	2	3	4	5

Notes: _____

_____

_____

_____

_____

Date: _____ Time (GMT): _____
Call Sign: _____
Language: _____
Transmitter Site: _____

Signal Clarity/Strength: (Weak 1 to Strong 5)	1	2	3	4	5

Notes: _____
_____
_____
_____
_____
_____

Date: _____ Time (GMT): _____
Call Sign: _____
Language: _____
Transmitter Site: _____

Signal Clarity/Strength: (Weak 1 to Strong 5)	1	2	3	4	5

Notes: _____
_____
_____
_____
_____
_____

Date: _____ Time (GMT): _____
Call Sign: _____
Language: _____
Transmitter Site: _____

Signal Clarity/Strength: (Weak 1 to Strong 5)	1	2	3	4	5

Notes: _____
_____
_____
_____
_____
_____

Date: _____ Time (GMT): _____
Call Sign: _____
Language: _____
Transmitter Site: _____

Signal Clarity/Strength: (Weak 1 to Strong 5)	1	2	3	4	5

Notes: _____
_____
_____
_____
_____

Date: _____ Time (GMT): _____
Call Sign: _____
Language: _____
Transmitter Site: _____

Signal Clarity/Strength: (Weak 1 to Strong 5)	1	2	3	4	5

Notes: _____
_____
_____
_____
_____

Date: _____ Time (GMT): _____
Call Sign: _____
Language: _____
Transmitter Site: _____

Signal Clarity/Strength: (Weak 1 to Strong 5)	1	2	3	4	5

Notes: _____
_____
_____
_____
_____

Date: _____ Time (GMT): _____

Call Sign: _____

Language: _____

Transmitter Site: _____

Signal Clarity/Strength: (Weak 1 to Strong 5)	1	2	3	4	5

Notes: _____

_____

_____

_____

_____

_____

Date: _____ Time (GMT): _____

Call Sign: _____

Language: _____

Transmitter Site: _____

Signal Clarity/Strength: (Weak 1 to Strong 5)	1	2	3	4	5

Notes: _____

_____

_____

_____

_____

_____

Date: _____ Time (GMT): _____

Call Sign: _____

Language: _____

Transmitter Site: _____

Signal Clarity/Strength: (Weak 1 to Strong 5)	1	2	3	4	5

Notes: _____

_____

_____

_____

_____

_____

Date: _____ Time (GMT): _____

Call Sign: _____

Language: _____

Transmitter Site: _____

Signal Clarity/Strength: (Weak 1 to Strong 5)	1	2	3	4	5

Notes: _____

_____

_____

_____

_____

_____

Date: _____ Time (GMT): _____

Call Sign: _____

Language: _____

Transmitter Site: _____

Signal Clarity/Strength: (Weak 1 to Strong 5)	1	2	3	4	5

Notes: _____

_____

_____

_____

_____

_____

Date: _____ Time (GMT): _____

Call Sign: _____

Language: _____

Transmitter Site: _____

Signal Clarity/Strength: (Weak 1 to Strong 5)	1	2	3	4	5

Notes: _____

_____

_____

_____

_____

_____

Date: _____ Time (GMT): _____

Call Sign: _____

Language: _____

Transmitter Site: _____

Signal Clarity/Strength: (Weak 1 to Strong 5)	1	2	3	4	5

Notes: _____

_____

_____

_____

_____

_____

Date: _____ Time (GMT): _____

Call Sign: _____

Language: _____

Transmitter Site: _____

Signal Clarity/Strength: (Weak 1 to Strong 5)	1	2	3	4	5

Notes: _____

_____

_____

_____

_____

_____

Date: _____ Time (GMT): _____

Call Sign: _____

Language: _____

Transmitter Site: _____

Signal Clarity/Strength: (Weak 1 to Strong 5)	1	2	3	4	5

Notes: _____

_____

_____

_____

_____

_____

Date: _____ Time (GMT): _____

Call Sign: _____

Language: _____

Transmitter Site: _____

Signal Clarity/Strength: (Weak 1 to Strong 5)	1	2	3	4	5

Notes: _____

_____

_____

_____

_____

_____

Date: _____ Time (GMT): _____

Call Sign: _____

Language: _____

Transmitter Site: _____

Signal Clarity/Strength: (Weak 1 to Strong 5)	1	2	3	4	5

Notes: _____

_____

_____

_____

_____

_____

Date: _____ Time (GMT): _____

Call Sign: _____

Language: _____

Transmitter Site: _____

Signal Clarity/Strength: (Weak 1 to Strong 5)	1	2	3	4	5

Notes: _____

_____

_____

_____

_____

Date: _____ Time (GMT): _____

Call Sign: _____

Language: _____

Transmitter Site: _____

Signal Clarity/Strength: (Weak 1 to Strong 5)	1	2	3	4	5

Notes: _____

_____

_____

_____

_____

_____

Date: _____ Time (GMT): _____

Call Sign: _____

Language: _____

Transmitter Site: _____

Signal Clarity/Strength: (Weak 1 to Strong 5)	1	2	3	4	5

Notes: _____

_____

_____

_____

_____

_____

Date: _____ Time (GMT): _____

Call Sign: _____

Language: _____

Transmitter Site: _____

Signal Clarity/Strength: (Weak 1 to Strong 5)	1	2	3	4	5

Notes: _____

_____

_____

_____

_____

_____

Date: _____ Time (GMT): _____

Call Sign: _____

Language: _____

Transmitter Site: _____

Signal Clarity/Strength: (Weak 1 to Strong 5)	1	2	3	4	5

Notes: _____

_____

_____

_____

_____

_____

Date: _____ Time (GMT): _____

Call Sign: _____

Language: _____

Transmitter Site: _____

Signal Clarity/Strength: (Weak 1 to Strong 5)	1	2	3	4	5

Notes: _____

_____

_____

_____

_____

_____

Date: _____ Time (GMT): _____

Call Sign: _____

Language: _____

Transmitter Site: _____

Signal Clarity/Strength: (Weak 1 to Strong 5)	1	2	3	4	5

Notes: _____

_____

_____

_____

_____

_____

Date: _____ Time (GMT): _____

Call Sign: _____

Language: _____

Transmitter Site: _____

Signal Clarity/Strength: (Weak 1 to Strong 5)	1	2	3	4	5

Notes: _____

_____

_____

_____

_____

_____

Date: _____ Time (GMT): _____

Call Sign: _____

Language: _____

Transmitter Site: _____

Signal Clarity/Strength: (Weak 1 to Strong 5)	1	2	3	4	5

Notes: _____

_____

_____

_____

_____

_____

Date: _____ Time (GMT): _____

Call Sign: _____

Language: _____

Transmitter Site: _____

Signal Clarity/Strength: (Weak 1 to Strong 5)	1	2	3	4	5

Notes: _____

_____

_____

_____

_____

_____

Date: _____ Time (GMT): _____

Call Sign: _____

Language: _____

Transmitter Site: _____

Signal Clarity/Strength: (Weak 1 to Strong 5)	1	2	3	4	5

Notes: _____

_____

_____

_____

_____

_____

Date: _____ Time (GMT): _____

Call Sign: _____

Language: _____

Transmitter Site: _____

Signal Clarity/Strength: (Weak 1 to Strong 5)	1	2	3	4	5

Notes: _____

_____

_____

_____

_____

_____

Date: _____ Time (GMT): _____

Call Sign: _____

Language: _____

Transmitter Site: _____

Signal Clarity/Strength: (Weak 1 to Strong 5)	1	2	3	4	5

Notes: _____

_____

_____

_____

_____

_____

Date: _____ Time (GMT): _____

Call Sign: _____

Language: _____

Transmitter Site: _____

Signal Clarity/Strength: (Weak 1 to Strong 5)	1	2	3	4	5

Notes: _____

_____

_____

_____

_____

_____

Date: _____ Time (GMT): _____

Call Sign: _____

Language: _____

Transmitter Site: _____

Signal Clarity/Strength: (Weak 1 to Strong 5)	1	2	3	4	5

Notes: _____

_____

_____

_____

_____

_____

Date: _____ Time (GMT): _____

Call Sign: _____

Language: _____

Transmitter Site: _____

Signal Clarity/Strength: (Weak 1 to Strong 5)	1	2	3	4	5

Notes: _____

_____

_____

_____

_____

_____

Date: _____ Time (GMT): _____

Call Sign: _____

Language: _____

Transmitter Site: _____

Signal Clarity/Strength: (Weak 1 to Strong 5)	1	2	3	4	5

Notes: _____

_____

_____

_____

_____

_____

Date: _____ Time (GMT): _____

Call Sign: _____

Language: _____

Transmitter Site: _____

Signal Clarity/Strength: (Weak 1 to Strong 5)	1	2	3	4	5

Notes: _____

_____

_____

_____

_____

_____

Date: _____ Time (GMT): _____

Call Sign: _____

Language: _____

Transmitter Site: _____

Signal Clarity/Strength: (Weak 1 to Strong 5)	1	2	3	4	5

Notes: _____

_____

_____

_____

_____

_____

Date: _____ Time (GMT): _____

Call Sign: _____

Language: _____

Transmitter Site: _____

Signal Clarity/Strength: (Weak 1 to Strong 5)	1	2	3	4	5

Notes: _____

_____

_____

_____

_____

_____

Date: _____ Time (GMT): _____

Call Sign: _____

Language: _____

Transmitter Site: _____

Signal Clarity/Strength: (Weak 1 to Strong 5)	1	2	3	4	5

Notes: _____

_____

_____

_____

_____

_____

Date: _____ Time (GMT): _____

Call Sign: _____

Language: _____

Transmitter Site: _____

Signal Clarity/Strength: (Weak 1 to Strong 5)	1	2	3	4	5

Notes: _____

_____

_____

_____

_____

_____

Date: _____ Time (GMT): _____
Call Sign: _____
Language: _____
Transmitter Site: _____

Signal Clarity/Strength: (Weak 1 to Strong 5)	1	2	3	4	5

Notes: _____
_____
_____
_____
_____
_____

Date: _____ Time (GMT): _____
Call Sign: _____
Language: _____
Transmitter Site: _____

Signal Clarity/Strength: (Weak 1 to Strong 5)	1	2	3	4	5

Notes: _____
_____
_____
_____
_____
_____

Date: _____ Time (GMT): _____
Call Sign: _____
Language: _____
Transmitter Site: _____

Signal Clarity/Strength: (Weak 1 to Strong 5)	1	2	3	4	5

Notes: _____
_____
_____
_____
_____
_____

Date: _____ Time (GMT): _____

Call Sign: _____

Language: _____

Transmitter Site: _____

Signal Clarity/Strength: (Weak 1 to Strong 5)	1	2	3	4	5

Notes: _____

_____

_____

_____

_____

_____

Date: _____ Time (GMT): _____

Call Sign: _____

Language: _____

Transmitter Site: _____

Signal Clarity/Strength: (Weak 1 to Strong 5)	1	2	3	4	5

Notes: _____

_____

_____

_____

_____

_____

Date: _____ Time (GMT): _____

Call Sign: _____

Language: _____

Transmitter Site: _____

Signal Clarity/Strength: (Weak 1 to Strong 5)	1	2	3	4	5

Notes: _____

_____

_____

_____

_____

_____

Date: _____ Time (GMT): _____

Call Sign: _____

Language: _____

Transmitter Site: _____

Signal Clarity/Strength: (Weak 1 to Strong 5)	1	2	3	4	5

Notes: _____

_____

_____

_____

_____

_____

Date: _____ Time (GMT): _____

Call Sign: _____

Language: _____

Transmitter Site: _____

Signal Clarity/Strength: (Weak 1 to Strong 5)	1	2	3	4	5

Notes: _____

_____

_____

_____

_____

_____

Date: _____ Time (GMT): _____

Call Sign: _____

Language: _____

Transmitter Site: _____

Signal Clarity/Strength: (Weak 1 to Strong 5)	1	2	3	4	5

Notes: _____

_____

_____

_____

_____

Date: _____ Time (GMT): _____

Call Sign: _____

Language: _____

Transmitter Site: _____

Signal Clarity/Strength: (Weak 1 to Strong 5)	1	2	3	4	5

Notes: _____

_____

_____

_____

_____

_____

Date: _____ Time (GMT): _____

Call Sign: _____

Language: _____

Transmitter Site: _____

Signal Clarity/Strength: (Weak 1 to Strong 5)	1	2	3	4	5

Notes: _____

_____

_____

_____

_____

_____

Date: _____ Time (GMT): _____

Call Sign: _____

Language: _____

Transmitter Site: _____

Signal Clarity/Strength: (Weak 1 to Strong 5)	1	2	3	4	5

Notes: _____

_____

_____

_____

_____

Date: _____ Time (GMT): _____

Call Sign: _____

Language: _____

Transmitter Site: _____

Signal Clarity/Strength: (Weak 1 to Strong 5)	1	2	3	4	5

Notes: _____

_____

_____

_____

_____

_____

Date: _____ Time (GMT): _____

Call Sign: _____

Language: _____

Transmitter Site: _____

Signal Clarity/Strength: (Weak 1 to Strong 5)	1	2	3	4	5

Notes: _____

_____

_____

_____

_____

_____

Date: _____ Time (GMT): _____

Call Sign: _____

Language: _____

Transmitter Site: _____

Signal Clarity/Strength: (Weak 1 to Strong 5)	1	2	3	4	5

Notes: _____

_____

_____

_____

_____

_____

Date: _____ Time (GMT): _____
Call Sign: _____
Language: _____
Transmitter Site: _____

Signal Clarity/Strength: (Weak 1 to Strong 5)	1	2	3	4	5

Notes: _____
_____
_____
_____
_____

Date: _____ Time (GMT): _____
Call Sign: _____
Language: _____
Transmitter Site: _____

Signal Clarity/Strength: (Weak 1 to Strong 5)	1	2	3	4	5

Notes: _____
_____
_____
_____
_____

Date: _____ Time (GMT): _____
Call Sign: _____
Language: _____
Transmitter Site: _____

Signal Clarity/Strength: (Weak 1 to Strong 5)	1	2	3	4	5

Notes: _____
_____
_____
_____
_____

Date: _____ Time (GMT): _____

Call Sign: _____

Language: _____

Transmitter Site: _____

Signal Clarity/Strength: (Weak 1 to Strong 5)	1	2	3	4	5

Notes: _____

_____

_____

_____

_____

_____

Date: _____ Time (GMT): _____

Call Sign: _____

Language: _____

Transmitter Site: _____

Signal Clarity/Strength: (Weak 1 to Strong 5)	1	2	3	4	5

Notes: _____

_____

_____

_____

_____

_____

Date: _____ Time (GMT): _____

Call Sign: _____

Language: _____

Transmitter Site: _____

Signal Clarity/Strength: (Weak 1 to Strong 5)	1	2	3	4	5

Notes: _____

_____

_____

_____

_____

_____

Date: _____ Time (GMT): _____
Call Sign: _____
Language: _____
Transmitter Site: _____

Signal Clarity/Strength: (Weak 1 to Strong 5)	1	2	3	4	5

Notes: _____
_____
_____
_____
_____
_____

Date: _____ Time (GMT): _____
Call Sign: _____
Language: _____
Transmitter Site: _____

Signal Clarity/Strength: (Weak 1 to Strong 5)	1	2	3	4	5

Notes: _____
_____
_____
_____
_____
_____

Date: _____ Time (GMT): _____
Call Sign: _____
Language: _____
Transmitter Site: _____

Signal Clarity/Strength: (Weak 1 to Strong 5)	1	2	3	4	5

Notes: _____
_____
_____
_____
_____
_____

Date: _____ Time (GMT): _____

Call Sign: _____

Language: _____

Transmitter Site: _____

Signal Clarity/Strength: (Weak 1 to Strong 5)	1	2	3	4	5

Notes: _____

_____

_____

_____

_____

_____

Date: _____ Time (GMT): _____

Call Sign: _____

Language: _____

Transmitter Site: _____

Signal Clarity/Strength: (Weak 1 to Strong 5)	1	2	3	4	5

Notes: _____

_____

_____

_____

_____

_____

Date: _____ Time (GMT): _____

Call Sign: _____

Language: _____

Transmitter Site: _____

Signal Clarity/Strength: (Weak 1 to Strong 5)	1	2	3	4	5

Notes: _____

_____

_____

_____

_____

Date: _____ Time (GMT): _____

Call Sign: _____

Language: _____

Transmitter Site: _____

Signal Clarity/Strength: (Weak 1 to Strong 5)	1	2	3	4	5

Notes: _____

_____

_____

_____

_____

_____

Date: _____ Time (GMT): _____

Call Sign: _____

Language: _____

Transmitter Site: _____

Signal Clarity/Strength: (Weak 1 to Strong 5)	1	2	3	4	5

Notes: _____

_____

_____

_____

_____

_____

Date: _____ Time (GMT): _____

Call Sign: _____

Language: _____

Transmitter Site: _____

Signal Clarity/Strength: (Weak 1 to Strong 5)	1	2	3	4	5

Notes: _____

_____

_____

_____

_____

_____

Date: _____ Time (GMT): _____

Call Sign: _____

Language: _____

Transmitter Site: _____

Signal Clarity/Strength: (Weak 1 to Strong 5)	1	2	3	4	5

Notes: _____

_____

_____

_____

_____

_____

Date: _____ Time (GMT): _____

Call Sign: _____

Language: _____

Transmitter Site: _____

Signal Clarity/Strength: (Weak 1 to Strong 5)	1	2	3	4	5

Notes: _____

_____

_____

_____

_____

_____

Date: _____ Time (GMT): _____

Call Sign: _____

Language: _____

Transmitter Site: _____

Signal Clarity/Strength: (Weak 1 to Strong 5)	1	2	3	4	5

Notes: _____

_____

_____

_____

_____

Date: _____ Time (GMT): _____
Call Sign: _____
Language: _____
Transmitter Site: _____

Signal Clarity/Strength: (Weak 1 to Strong 5)	1	2	3	4	5

Notes: _____
_____
_____
_____
_____
_____

Date: _____ Time (GMT): _____
Call Sign: _____
Language: _____
Transmitter Site: _____

Signal Clarity/Strength: (Weak 1 to Strong 5)	1	2	3	4	5

Notes: _____
_____
_____
_____
_____
_____

Date: _____ Time (GMT): _____
Call Sign: _____
Language: _____
Transmitter Site: _____

Signal Clarity/Strength: (Weak 1 to Strong 5)	1	2	3	4	5

Notes: _____
_____
_____
_____
_____
_____

Date: _____ Time (GMT): _____
Call Sign: _____
Language: _____
Transmitter Site: _____

Signal Clarity/Strength: (Weak 1 to Strong 5)	1	2	3	4	5

Notes: _____
_____
_____
_____
_____
_____

Date: _____ Time (GMT): _____
Call Sign: _____
Language: _____
Transmitter Site: _____

Signal Clarity/Strength: (Weak 1 to Strong 5)	1	2	3	4	5

Notes: _____
_____
_____
_____
_____
_____

Date: _____ Time (GMT): _____
Call Sign: _____
Language: _____
Transmitter Site: _____

Signal Clarity/Strength: (Weak 1 to Strong 5)	1	2	3	4	5

Notes: _____
_____
_____
_____
_____

Date: _____ Time (GMT): _____

Call Sign: _____

Language: _____

Transmitter Site: _____

Signal Clarity/Strength: (Weak 1 to Strong 5)	1	2	3	4	5

Notes: _____

_____

_____

_____

_____

_____

Date: _____ Time (GMT): _____

Call Sign: _____

Language: _____

Transmitter Site: _____

Signal Clarity/Strength: (Weak 1 to Strong 5)	1	2	3	4	5

Notes: _____

_____

_____

_____

_____

_____

Date: _____ Time (GMT): _____

Call Sign: _____

Language: _____

Transmitter Site: _____

Signal Clarity/Strength: (Weak 1 to Strong 5)	1	2	3	4	5

Notes: _____

_____

_____

_____

_____

Date: _____ Time (GMT): _____

Call Sign: _____

Language: _____

Transmitter Site: _____

Signal Clarity/Strength: (Weak 1 to Strong 5)	1	2	3	4	5

Notes: _____

_____

_____

_____

_____

_____

Date: _____ Time (GMT): _____

Call Sign: _____

Language: _____

Transmitter Site: _____

Signal Clarity/Strength: (Weak 1 to Strong 5)	1	2	3	4	5

Notes: _____

_____

_____

_____

_____

_____

Date: _____ Time (GMT): _____

Call Sign: _____

Language: _____

Transmitter Site: _____

Signal Clarity/Strength: (Weak 1 to Strong 5)	1	2	3	4	5

Notes: _____

_____

_____

_____

_____

Date: _____ Time (GMT): _____

Call Sign: _____

Language: _____

Transmitter Site: _____

Signal Clarity/Strength: (Weak 1 to Strong 5)	1	2	3	4	5

Notes: _____

_____

_____

_____

_____

_____

Date: _____ Time (GMT): _____

Call Sign: _____

Language: _____

Transmitter Site: _____

Signal Clarity/Strength: (Weak 1 to Strong 5)	1	2	3	4	5

Notes: _____

_____

_____

_____

_____

_____

Date: _____ Time (GMT): _____

Call Sign: _____

Language: _____

Transmitter Site: _____

Signal Clarity/Strength: (Weak 1 to Strong 5)	1	2	3	4	5

Notes: _____

_____

_____

_____

_____

_____

Date: _____ Time (GMT): _____

Call Sign: _____

Language: _____

Transmitter Site: _____

Signal Clarity/Strength: (Weak 1 to Strong 5)	1	2	3	4	5

Notes: _____

_____

_____

_____

_____

_____

Date: _____ Time (GMT): _____

Call Sign: _____

Language: _____

Transmitter Site: _____

Signal Clarity/Strength: (Weak 1 to Strong 5)	1	2	3	4	5

Notes: _____

_____

_____

_____

_____

_____

Date: _____ Time (GMT): _____

Call Sign: _____

Language: _____

Transmitter Site: _____

Signal Clarity/Strength: (Weak 1 to Strong 5)	1	2	3	4	5

Notes: _____

_____

_____

_____

_____

_____

Date: _____ Time (GMT): _____

Call Sign: _____

Language: _____

Transmitter Site: _____

Signal Clarity/Strength: (Weak 1 to Strong 5)	1	2	3	4	5

Notes: _____

_____

_____

_____

_____

_____

Date: _____ Time (GMT): _____

Call Sign: _____

Language: _____

Transmitter Site: _____

Signal Clarity/Strength: (Weak 1 to Strong 5)	1	2	3	4	5

Notes: _____

_____

_____

_____

_____

_____

Date: _____ Time (GMT): _____

Call Sign: _____

Language: _____

Transmitter Site: _____

Signal Clarity/Strength: (Weak 1 to Strong 5)	1	2	3	4	5

Notes: _____

_____

_____

_____

_____

_____

Date: _____ Time (GMT): _____
Call Sign: _____
Language: _____
Transmitter Site: _____

Signal Clarity/Strength: (Weak 1 to Strong 5)	1	2	3	4	5

Notes: _____
_____
_____
_____
_____
_____

Date: _____ Time (GMT): _____
Call Sign: _____
Language: _____
Transmitter Site: _____

Signal Clarity/Strength: (Weak 1 to Strong 5)	1	2	3	4	5

Notes: _____
_____
_____
_____
_____
_____

Date: _____ Time (GMT): _____
Call Sign: _____
Language: _____
Transmitter Site: _____

Signal Clarity/Strength: (Weak 1 to Strong 5)	1	2	3	4	5

Notes: _____
_____
_____
_____
_____
_____

Date: _____ Time (GMT): _____
Call Sign: _____
Language: _____
Transmitter Site: _____

Signal Clarity/Strength: (Weak 1 to Strong 5)	1	2	3	4	5

Notes: _____
_____
_____
_____
_____
_____

Date: _____ Time (GMT): _____
Call Sign: _____
Language: _____
Transmitter Site: _____

Signal Clarity/Strength: (Weak 1 to Strong 5)	1	2	3	4	5

Notes: _____
_____
_____
_____
_____
_____

Date: _____ Time (GMT): _____
Call Sign: _____
Language: _____
Transmitter Site: _____

Signal Clarity/Strength: (Weak 1 to Strong 5)	1	2	3	4	5

Notes: _____
_____
_____
_____
_____
_____

Date: _____ Time (GMT): _____

Call Sign: _____

Language: _____

Transmitter Site: _____

Signal Clarity/Strength: (Weak 1 to Strong 5)	1	2	3	4	5

Notes: _____

_____

_____

_____

_____

_____

Date: _____ Time (GMT): _____

Call Sign: _____

Language: _____

Transmitter Site: _____

Signal Clarity/Strength: (Weak 1 to Strong 5)	1	2	3	4	5

Notes: _____

_____

_____

_____

_____

_____

Date: _____ Time (GMT): _____

Call Sign: _____

Language: _____

Transmitter Site: _____

Signal Clarity/Strength: (Weak 1 to Strong 5)	1	2	3	4	5

Notes: _____

_____

_____

_____

_____

Date: _____ Time (GMT): _____

Call Sign: _____

Language: _____

Transmitter Site: _____

Signal Clarity/Strength: (Weak 1 to Strong 5)	1	2	3	4	5

Notes: _____

_____

_____

_____

_____

_____

Date: _____ Time (GMT): _____

Call Sign: _____

Language: _____

Transmitter Site: _____

Signal Clarity/Strength: (Weak 1 to Strong 5)	1	2	3	4	5

Notes: _____

_____

_____

_____

_____

_____

Date: _____ Time (GMT): _____

Call Sign: _____

Language: _____

Transmitter Site: _____

Signal Clarity/Strength: (Weak 1 to Strong 5)	1	2	3	4	5

Notes: _____

_____

_____

_____

_____

_____

Date: _____ Time (GMT): _____

Call Sign: _____

Language: _____

Transmitter Site: _____

Signal Clarity/Strength: (Weak 1 to Strong 5)	1	2	3	4	5

Notes: _____

_____

_____

_____

_____

_____

Date: _____ Time (GMT): _____

Call Sign: _____

Language: _____

Transmitter Site: _____

Signal Clarity/Strength: (Weak 1 to Strong 5)	1	2	3	4	5

Notes: _____

_____

_____

_____

_____

_____

Date: _____ Time (GMT): _____

Call Sign: _____

Language: _____

Transmitter Site: _____

Signal Clarity/Strength: (Weak 1 to Strong 5)	1	2	3	4	5

Notes: _____

_____

_____

_____

_____

_____

Date: _____ Time (GMT): _____
Call Sign: _____
Language: _____
Transmitter Site: _____

Signal Clarity/Strength: (Weak 1 to Strong 5)	1	2	3	4	5

Notes: _____
_____
_____
_____
_____
_____

Date: _____ Time (GMT): _____
Call Sign: _____
Language: _____
Transmitter Site: _____

Signal Clarity/Strength: (Weak 1 to Strong 5)	1	2	3	4	5

Notes: _____
_____
_____
_____
_____
_____

Date: _____ Time (GMT): _____
Call Sign: _____
Language: _____
Transmitter Site: _____

Signal Clarity/Strength: (Weak 1 to Strong 5)	1	2	3	4	5

Notes: _____
_____
_____
_____
_____
_____

Date: _____ Time (GMT): _____

Call Sign: _____

Language: _____

Transmitter Site: _____

Signal Clarity/Strength: (Weak 1 to Strong 5)	1	2	3	4	5

Notes: _____

_____

_____

_____

_____

_____

Date: _____ Time (GMT): _____

Call Sign: _____

Language: _____

Transmitter Site: _____

Signal Clarity/Strength: (Weak 1 to Strong 5)	1	2	3	4	5

Notes: _____

_____

_____

_____

_____

_____

Date: _____ Time (GMT): _____

Call Sign: _____

Language: _____

Transmitter Site: _____

Signal Clarity/Strength: (Weak 1 to Strong 5)	1	2	3	4	5

Notes: _____

_____

_____

_____

_____

_____

Date: _____ Time (GMT): _____

Call Sign: _____

Language: _____

Transmitter Site: _____

Signal Clarity/Strength: (Weak 1 to Strong 5)	1	2	3	4	5

Notes: _____

_____

_____

_____

_____

_____

Date: _____ Time (GMT): _____

Call Sign: _____

Language: _____

Transmitter Site: _____

Signal Clarity/Strength: (Weak 1 to Strong 5)	1	2	3	4	5

Notes: _____

_____

_____

_____

_____

_____

Date: _____ Time (GMT): _____

Call Sign: _____

Language: _____

Transmitter Site: _____

Signal Clarity/Strength: (Weak 1 to Strong 5)	1	2	3	4	5

Notes: _____

_____

_____

_____

_____

_____

Date: _____ Time (GMT): _____

Call Sign: _____

Language: _____

Transmitter Site: _____

Signal Clarity/Strength: (Weak 1 to Strong 5)	1	2	3	4	5

Notes: _____

_____

_____

_____

_____

_____

Date: _____ Time (GMT): _____

Call Sign: _____

Language: _____

Transmitter Site: _____

Signal Clarity/Strength: (Weak 1 to Strong 5)	1	2	3	4	5

Notes: _____

_____

_____

_____

_____

_____

Date: _____ Time (GMT): _____

Call Sign: _____

Language: _____

Transmitter Site: _____

Signal Clarity/Strength: (Weak 1 to Strong 5)	1	2	3	4	5

Notes: _____

_____

_____

_____

_____

Date: _____ Time (GMT): _____

Call Sign: _____

Language: _____

Transmitter Site: _____

Signal Clarity/Strength: (Weak 1 to Strong 5)	1	2	3	4	5

Notes: _____

_____

_____

_____

_____

_____

Date: _____ Time (GMT): _____

Call Sign: _____

Language: _____

Transmitter Site: _____

Signal Clarity/Strength: (Weak 1 to Strong 5)	1	2	3	4	5

Notes: _____

_____

_____

_____

_____

_____

Date: _____ Time (GMT): _____

Call Sign: _____

Language: _____

Transmitter Site: _____

Signal Clarity/Strength: (Weak 1 to Strong 5)	1	2	3	4	5

Notes: _____

_____

_____

_____

_____

_____

Date: _____ Time (GMT): _____

Call Sign: _____

Language: _____

Transmitter Site: _____

Signal Clarity/Strength: (Weak 1 to Strong 5)	1	2	3	4	5

Notes: _____

_____

_____

_____

_____

_____

Date: _____ Time (GMT): _____

Call Sign: _____

Language: _____

Transmitter Site: _____

Signal Clarity/Strength: (Weak 1 to Strong 5)	1	2	3	4	5

Notes: _____

_____

_____

_____

_____

_____

Date: _____ Time (GMT): _____

Call Sign: _____

Language: _____

Transmitter Site: _____

Signal Clarity/Strength: (Weak 1 to Strong 5)	1	2	3	4	5

Notes: _____

_____

_____

_____

_____

_____

Date: _____ Time (GMT): _____

Call Sign: _____

Language: _____

Transmitter Site: _____

Signal Clarity/Strength: (Weak 1 to Strong 5)	1	2	3	4	5

Notes: _____

_____

_____

_____

_____

_____

Date: _____ Time (GMT): _____

Call Sign: _____

Language: _____

Transmitter Site: _____

Signal Clarity/Strength: (Weak 1 to Strong 5)	1	2	3	4	5

Notes: _____

_____

_____

_____

_____

_____

Date: _____ Time (GMT): _____

Call Sign: _____

Language: _____

Transmitter Site: _____

Signal Clarity/Strength: (Weak 1 to Strong 5)	1	2	3	4	5

Notes: _____

_____

_____

_____

_____

_____

Date: _____ Time (GMT): _____
Call Sign: _____
Language: _____
Transmitter Site: _____

Signal Clarity/Strength: (Weak 1 to Strong 5)	1	2	3	4	5

Notes: _____
_____
_____
_____
_____
_____

Date: _____ Time (GMT): _____
Call Sign: _____
Language: _____
Transmitter Site: _____

Signal Clarity/Strength: (Weak 1 to Strong 5)	1	2	3	4	5

Notes: _____
_____
_____
_____
_____
_____

Date: _____ Time (GMT): _____
Call Sign: _____
Language: _____
Transmitter Site: _____

Signal Clarity/Strength: (Weak 1 to Strong 5)	1	2	3	4	5

Notes: _____
_____
_____
_____
_____

Date: _____ Time (GMT): _____

Call Sign: _____

Language: _____

Transmitter Site: _____

Signal Clarity/Strength: (Weak 1 to Strong 5)	1	2	3	4	5

Notes: _____

_____

_____

_____

_____

_____

Date: _____ Time (GMT): _____

Call Sign: _____

Language: _____

Transmitter Site: _____

Signal Clarity/Strength: (Weak 1 to Strong 5)	1	2	3	4	5

Notes: _____

_____

_____

_____

_____

_____

Date: _____ Time (GMT): _____

Call Sign: _____

Language: _____

Transmitter Site: _____

Signal Clarity/Strength: (Weak 1 to Strong 5)	1	2	3	4	5

Notes: _____

_____

_____

_____

_____

_____

Date: _____ Time (GMT): _____

Call Sign: _____

Language: _____

Transmitter Site: _____

Signal Clarity/Strength: (Weak 1 to Strong 5)	1	2	3	4	5

Notes: _____

_____

_____

_____

_____

_____

Date: _____ Time (GMT): _____

Call Sign: _____

Language: _____

Transmitter Site: _____

Signal Clarity/Strength: (Weak 1 to Strong 5)	1	2	3	4	5

Notes: _____

_____

_____

_____

_____

_____

Date: _____ Time (GMT): _____

Call Sign: _____

Language: _____

Transmitter Site: _____

Signal Clarity/Strength: (Weak 1 to Strong 5)	1	2	3	4	5

Notes: _____

_____

_____

_____

_____

Made in the USA
Monee, IL
12 February 2022